上海市工程建设规范

外墙内保温系统应用技术标准
（无机改性不燃保温板）

Application standard of interior thermal insulation system on external walls
(inorganic modified non-combustible thermal insulation board)

DG/TJ 08—2390B—2022

J 16197—2022

主编单位：同济大学
　　　　　上海市建设协会
　　　　　上海市凯标工程建设咨询有限公司
批准部门：上海市住房和城乡建设管理委员会
施行日期：2022 年 6 月 1 日

同济大学出版社

2023　上海

图书在版编目(CIP)数据

外墙内保温系统应用技术标准.无机改性不燃保温板/
同济大学，上海市建设协会，上海市凯标工程建设咨询有
限公司主编. —上海：同济大学出版社，2023.3
ISBN 978-7-5765-0809-3

Ⅰ. ①外… Ⅱ. ①同… ②上… ③上… Ⅲ. ①建筑物
—外墙—保温板—技术标准—上海 Ⅳ. ①TU55-65

中国国家版本馆 CIP 数据核字(2023)第 048269 号

外墙内保温系统应用技术标准(无机改性不燃保温板)

同济大学
上海市建设协会   主编
上海市凯标工程建设咨询有限公司

责任编辑　朱　勇
责任校对　徐春莲
封面设计　陈益平

出版发行　同济大学出版社　　www.tongjipress.com.cn
　　　　　(地址:上海市四平路 1239 号　邮编:200092　电话:021-65985622)
经　　销　全国各地新华书店
印　　刷　浦江求真印务有限公司
开　　本　889mm×1194mm　1/32
印　　张　1.5
字　　数　40 000
版　　次　2023 年 3 月第 1 版
版　　次　2023 年 3 月第 1 次印刷
书　　号　ISBN 978-7-5765-0809-3
定　　价　20.00 元

上海市住房和城乡建设管理委员会文件

沪建标定〔2022〕34 号

上海市住房和城乡建设管理委员会关于批准《外墙内保温系统应用技术标准（无机改性不燃保温板）》为上海市工程建设规范的通知

各有关单位：

　　由同济大学、上海市建设协会和上海市凯标工程建设咨询有限公司主编的《外墙内保温系统应用技术标准（无机改性不燃保温板）》，经我委审核，现批准为上海市工程建设规范，统一编号为 DG/TJ 08—2390B—2022，自 2022 年 6 月 1 日起实施。

　　本标准由上海市住房和城乡建设管理委员会负责管理，同济大学负责解释。

上海市住房和城乡建设管理委员会

2022 年 1 月 11 日

前　言

根据上海市住房和城乡建设管理委员会《关于印发〈2020年上海市工程建设规范、建筑标准设计编制计划〉的通知》（沪建标定〔2019〕752号）的要求，由同济大学、上海市建设协会、上海市凯标工程建设咨询有限公司同有关单位在全面分析无机改性不燃保温板外墙内保温系统的性能及总结研究成果和实践经验的基础上，制定了本标准。

本标准的主要内容有：总则；术语；材料；设计；施工；验收。

各有关单位及相关人员在执行本标准过程中，若有意见和建议，请反馈至上海市住房和城乡建设管理委员会（地址：上海市大沽路100号；邮编：200003；E-mail：shjsbzgl@163.com），上海市建设协会（地址：上海市大木桥路588号401室；邮编：200032；E-mail：jsxhsh@sina.com），上海市建筑建材业市场管理总站（地址：上海市小木桥路683号；邮编：200032；E-mail：shgcbz@163.com），以供今后修订时参考。

主　编　单　位：同济大学

上海市建设协会

上海市凯标工程建设咨询有限公司

参　编　单　位：长兴贝斯德邦建材科技有限公司

江苏康奥建材科技有限公司

江苏日兆节能科技有限公司

浙江中意节能建材有限公司

主要起草人：赵欢凯　赵海云　张永明　徐佩琳　钦炳华

陶　旭　任　华　晁明浩　王　庆　赵　红

主 要 审 查 人：李德荣　沈文渊　翁　皓　翁伟明　郑毅敏
　　　　　　　王宝海　周　东

上海市建筑建材业市场管理总站

目 次

Contents

1 总　则

1.0.1 为规范无机改性不燃保温板外墙内保温系统在建筑节能工程中的应用,提高围护结构热工性能,优化室内热环境,降低供暖、通风和空调运行能耗,确保工程质量,制定本标准。

1.0.2 本标准适用于新建、扩建、改建的民用建筑外墙内保温工程的设计、施工与验收。既有建筑的改造和工业建筑在技术条件相同时也可适用。

1.0.3 无机改性不燃保温板外墙内保温系统的应用,除应符合本标准外,尚应符合国家、行业和本市现行有关标准的规定。

2 术 语

2.0.1 无机改性不燃保温板外墙内保温系统　interior thermal insulation system on external wall constructed of inorganic modified non-combustible thermal insulation board

采用无机改性不燃保温板粘贴于外墙内侧及内墙作为保温层,抹面砂浆和耐碱涂覆中碱玻璃纤维网格布复合增强的抹面层以及饰面层组成的一种外墙内保温构造。简称为内保温系统。

2.0.2 无机改性不燃保温板　inorganic modified non-combustible thermal insulation board

由水泥基胶凝材料(不含氧化镁和氯化镁等气凝性材料)、石墨聚苯乙烯颗粒以及多种添加剂组成,通过混合搅拌、灌模加压成型、自然养护或蒸汽养护等工艺,经切割制成的具有不燃特性的保温板材。

2.0.3 粘结砂浆　gypsum mortar

由普通硅酸盐水泥、可再分散聚合物乳胶粉、中砂和其他添加剂组成的干混砂浆,使用时定量加水拌制,用于粘贴无机改性不燃保温板。

2.0.4 抹面砂浆　rendering coat mortar

由普通硅酸盐水泥、可再分散聚合物乳胶粉、细砂和其他添加剂组成的干混砂浆,使用时定量加水拌制,用于保温层表面起到防水抗裂防护作用。

2.0.5 耐碱涂覆中碱玻璃纤维网格布　alkali-resistant coated medium-alkali glass fiber mesh cloth

以中碱玻璃纤维织成的网布为基布,表面涂覆高分子耐碱涂层制成的网布。简称为网布。

2.0.6 锚栓 anchor bolt

由膨胀件和尾部带圆盘的膨胀套管组成,依靠膨胀产生的摩擦力或机械锁定作用连接保温系统与基层墙体的机械固定件。

2.0.7 防护层 protecting coat

抹面层和饰面层的总称。

3 材 料

3.1 系统与组成材料性能要求

3.1.1 内保温系统的性能应符合表 3.1.1 的要求。

表 3.1.1 内保温系统性能指标

项目	性能指标	试验方法
系统拉伸粘结强度(MPa)	≥0.10	JGJ 144
抗冲击性(次)	≥10	JG/T 159
防护层水蒸气渗透阻	符合设计要求	JGJ 144
吸水量(kg/m²)	系统在水中浸泡 1 h 后的吸水量应小于 0.5	JGJ 144
热阻	符合设计要求	GB/T 13475
抹面层不透水性	2 h 不透水	JGJ 144

注:用于厨房、卫生间等潮湿环境时,吸水量、抹面层不透水性和防护层水蒸气渗透阻应检测并满足本表中的性能指标要求。

3.1.2 无机改性不燃保温板的规格和尺寸偏差应符合表 3.1.2 的要求。

表 3.1.2 无机改性不燃保温板规格和尺寸偏差(mm)

项目	规格		允许偏差	试验方法
长度	600	900	±2	GB/T 5486
宽度	600	600	±2	
厚度	20~70		+1 0	
对角线差	—		≤3	

注:特殊规格由供需双方商定。

3.1.3 无机改性不燃保温板的性能应符合表 3.1.3 的要求。

表 3.1.3 无机改性不燃保温板性能指标

项目		性能指标	试验方法
干密度(kg/m³)		>140;≤180	GB/T 5486
导热系数(25℃)[W/(m·K)]		≤0.052	GB/T 10294 或 GB/T 10295
抗压强度(MPa)		≥0.30	GB/T 5486
垂直于板面的抗拉强度(MPa)		≥0.10	GB/T 29906
体积吸水率(%)		≤8	GB/T 5486
干燥收缩率(%)		≤0.8	JG/T 536
软化系数		≥0.7	GB/T 20473
燃烧性能等级(级)		A(A2)	GB 8624
燃烧性能附加分级	产烟量	不低于 S2 级	GB/T 20284
	燃烧滴落物/微粒	不低于 d1 级	GB/T 8626 和 GB/T 20284
	产烟毒性	不低于 t1 级	GB/T 20285
放射性核素限量	内照射指数(I_{Ra})	≤1.0	GB 6566
	外照射指数(I_γ)	≤1.0	

注:干密度、抗压强度、体积吸水率的试件,烘干至恒定质量的温度宜为 65℃±5℃。

3.1.4 粘结砂浆的性能应符合表 3.1.4 的要求。

表 3.1.4 粘结砂浆性能指标

项目			性能指标	试验方法
拉伸粘结强度(MPa)(与水泥砂浆)		原强度	≥0.6	GB/T 29906
	耐水强度	浸水 48 h,干燥 2 h	≥0.3	
		浸水 48 h,干燥 7 d	≥0.6	
拉伸粘结强度(MPa)(与无机改性不燃保温板)		原强度	≥0.10,且破坏面应在无机改性不燃保温板内	
	耐水强度	浸水 48 h,干燥 2 h	≥0.08	
		浸水 48 h,干燥 7 d	≥0.10	
可操作时间(h)			1.5~4.0	

3.1.5 抹面砂浆的性能指标应符合表 3.1.5 的要求。

表 3.1.5 抹面砂浆性能指标

项目			性能指标	试验方法
拉伸粘结强度(MPa)(与水泥砂浆)	原强度		≥0.5	GB/T 29906
	耐水强度	浸水 48 h,干燥 2 h	≥0.3	
		浸水 48 h,干燥 7 d	≥0.5	
拉伸粘结强度(MPa)(与无机改性不燃保温板)	原强度		≥0.10,且破坏面应在无机改性不燃保温板内	
	耐水强度	浸水 48 h,干燥 2 h	≥0.08	
		浸水 48 h,干燥 7 d	≥0.10	
柔韧性	压折比		≤3.0	
可操作时间(h)			1.5~4.0	

注:饰面为陶瓷砖系统时,应检测拉伸粘结强度(与水泥砂浆)。

3.1.6 网布性能应符合表 3.1.6 的要求。

表 3.1.6 网布性能指标

项目		性能指标	试验方法
单位面积质量(g/m²)		≥160	GB/T 9914.3
经、纬密度(根/25 mm)		4×4	GB/T 7689.2
拉伸断裂强力(N/50 mm)	经向	≥1 650	GB/T 7689.5
	纬向	≥1 710	
耐碱拉伸断裂强力(经、纬向)(N/50 mm)		≥1 000	GB/T 20102
耐碱拉伸断裂强力保留率(经、纬向)(%)		≥50	
断裂伸长率(%)		≤5	GB/T 7689.5

注:经、纬密度指标为最小值。

3.1.7 锚栓应符合下列规定,其性能应符合表 3.1.7 的要求。

1 塑料膨胀套管应采用聚酰胺(PA6 或 PA66)、聚乙烯

(PE)、聚丙烯(PP)制造,不得使用再生材料。

    2 金属螺钉的直径不宜小于 5 mm,并应采用不锈钢或经过表面防腐处理的碳钢制造。

    3 膨胀套管的公称直径不应小于 8 mm,锚栓的圆盘公称直径不应小于 60 mm。

3.1.7 锚栓性能指标

项目		性能指标	试验方法
锚栓抗拉承载力标准值(kN)(与 C25 混凝土)		≥0.60	JG/T 366
现场单个锚栓抗拉承载力最小值(kN)	混凝土墙体	≥0.60	DG/TJ 08—2038
	实心砖砌体	≥0.50	
	多孔砖砌体	≥0.40	
	空心砌块砌体	≥0.30	
	加气混凝土砌体	≥0.30	
锚栓圆盘抗拔力标准值(kN)		≥0.50	JG/T 366

3.1.8 基墙找平层采用的预拌砂浆应符合现行上海市工程建设规范《预拌砂浆应用技术标准》DG/TJ 08—502 规定的强度要求。

3.1.9 饰面层采用涂料时,内墙涂料的性能应符合相关标准的规定,内墙腻子性能应符合现行行业标准《建筑室内用腻子》JG/T 298 中内墙柔韧型和耐水型腻子的要求。

3.1.10 饰面层采用陶瓷砖时,陶瓷砖应符合现行国家标准《陶瓷砖》GB/T 4100 和本标准附录 A 的要求。陶瓷砖粘结剂和陶瓷砖填缝剂的性能应符合附录 A 的要求。

3.1.11 在内隔墙等热桥部位采用水泥基无机保温砂浆时,其性能应符合现行上海市工程建设规范《无机保温砂浆系统应用技术规程》DG/TJ 08—2088 的要求。

3.2 进场材料的包装与贮存

3.2.1 进场材料与配件的包装应符合下列要求：

1 无机改性不燃保温板常温养护不应少于 14 d 方可出厂、蒸汽养护应不少于 7 d 方可出厂，并应采用塑封包装，每包宜为 6 块～8 块。包装上应标明产品名称、规格尺寸、数量、标准编号与商标、生产日期、生产企业名称与地址，堆码高度不得超过 2 m。

2 粘结砂浆、抹面砂浆应采用防潮的包装袋包装，并应予以密封。包装上应标明产品名称、数量、标准编号与商标、生产日期与有效贮存期、生产企业名称与地址，并应注明拌制的加水量。

3 网布应整齐地卷在印有企业名称和商标的硬质纸管上，不得有折叠和不均匀现象，应采用防水防潮塑料袋包装，并应立置堆放，且不应超过 2 层。

4 锚栓及配件应采用纸盒包装。

3.2.2 无机改性不燃保温板、粘结砂浆、抹面砂浆等材料在运输、贮存过程中应包装完好、防潮、防雨。应存放在干燥、通风的室内。

3.2.3 粘结砂浆、抹面砂浆有效贮存期为 6 个月，超过有效贮存期，不得出厂。施工期间，材料贮存时间超过保质期，应对材料进行复验，检验合格方可使用。严禁使用已结块的材料。

4 设 计

4.1 一般规定

4.1.1 内保温系统可适用于混凝土墙体和各种砌体。

4.1.2 内保温系统与混凝土和各种砌块墙体之间应设置界面层与找平层。基层墙面的处理应符合下列要求：

1 基层墙面的外侧应有预拌砂浆找平层，其粘结强度应符合相关要求。

2 基层墙体为混凝土墙、混凝土砌块、混凝土多孔砖等砌体时，基层墙面与水泥砂浆找平层之间应采用混凝土界面剂作界面层。预拌砂浆找平层的厚度可根据基层墙面的平整度确定，其厚度宜为 20 mm，且不应小于 12 mm。

3 基层墙体为加气混凝土砌块时，其表面应采用加气混凝土界面剂作界面层，且应设置厚度不小于 10 mm 的预拌砂浆找平层。

4 混凝土墙体平整度小于等于 4 mm 时，可不设置找平层。

4.1.3 内保温系统用于潮湿环境时，应采用耐水型腻子。

4.1.4 内保温系统的保温层厚度不应大于 70 mm，门窗洞口四周的保温层厚度不应小于 20 mm。

4.2 内保温系统构造设计及要求

4.2.1 内保温系统构造及组成材料应符合表4.2.1-1、表4.2.1-2的要求。

表 4.2.1-1　内保温系统构造及组成材料(涂料饰面)

构造层次		组成材料	构造示意图
① 基墙		混凝土墙或各种砌体墙	
② 界面层		界面剂	
③ 找平层		预拌砂浆	
④ 粘结层		粘结砂浆	
⑤ 保温层		无机改性不燃保温板	
⑥ 抹面层		抹面砂浆＋网布	
⑦ 饰面层	非潮湿环境	内墙柔韧型腻子＋内墙涂料	
	潮湿环境	内墙耐水型腻子＋内墙涂料	

表 4.2.1-2　内保温系统构造及组成材料(陶瓷砖饰面)

构造层次	组成材料	构造示意图
① 基墙	混凝土墙或各种砌体墙	
② 界面层	界面剂	
③ 找平层	预拌砂浆	锚栓
④ 粘结层	粘结砂浆	
⑤ 保温层	无机改性不燃保温板	
⑥ 抹面层	抹面砂浆＋网布＋锚栓	
⑦ 饰面层	陶瓷砖粘结剂＋陶瓷砖＋ 陶瓷砖填缝剂	

4.2.2　无机改性不燃保温板粘贴,当饰面采用涂料时,布胶面积不应小于 50％;当饰面采用陶瓷砖时,布胶面积不应小于 60％。粘结层厚度不应小于 3 mm。

4.2.3　抹面层应采用抹面砂浆与网布复合增强,抹面层厚度应为 3 mm～5 mm。

4.2.4　墙体的热桥部位及凸窗部位保温构造措施应符合下列要求:

　　1　混凝土柱部位(图 4.2.4-1),应采用无机改性不燃保温板对混凝土柱包覆处理,保温层厚度应同墙体保温层厚度。

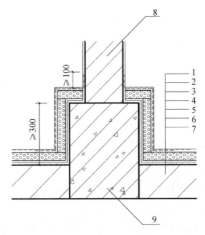

1—饰面层；2—抹面层(网布在抹面层中)；3—保温板；
4—粘结层；5—找平层；6—界面层；7—基墙；8—内隔墙；9—结构柱

图 4.2.4-1 混凝土柱处保温构造

2 与内隔墙的"T"形部位可采用水泥基无机保温砂浆设置保温(图 4.2.4-2)，保温层宽度不应小于 300 mm，厚度不应小于 20 mm。

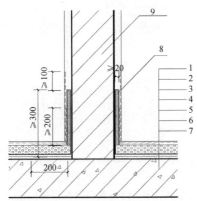

1—饰面层；2—抹面层(网布在抹面层中)；3—保温板；
4—粘结层；5—找平层；6—界面层；7—基墙；8—保温砂浆；9—内隔墙

图 4.2.4-2 外墙与内隔墙处保温构造

3 凸窗的非透明部位(顶板的底部、侧面及窗台面)应采用无机改性保温板设置保温层,保温层厚度应满足设计要求。顶板的底部保温层厚度不应大于 30 mm,且应满粘,每平方米在网布内设置 4 个锚栓。

4 网布搭接宽度不应小于 150 mm,伸入找平层的宽度不应小于 100 mm。

4.2.5 内保温系统的门窗内侧洞口周边及角部应按图 4.2.5 实施增强,并应符合下列要求:

1 门窗内侧洞口四周的保温板应采用附加网布翻包,网布翻包搭接宽度不应小于 150 mm。

2 门窗内侧洞口阴角处应附加设置一层与窗台同宽度,且长度 300 mm(每边 150 mm)的网布增强。

3 门窗内侧洞口角部均应在斜向 45°方向附加设置一层300 mm×400 mm 网布增强。

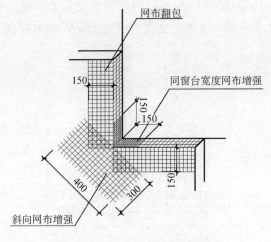

图 4.2.5 门窗洞口网布增强构造

4.2.6 涂料饰面时,阳角部位实施增强应采取下列构造措施之一：

1 采用网布双向包转搭接,网布每边搭接宽度不应小于 150 mm。

2 在阳角部位应先加贴网布,加贴网布的每边宽度不应小于 150 mm,再应由网布在阳角部位连续包转。

3 采用护角条实施增强,其构造应符合图 4.2.6 的要求。

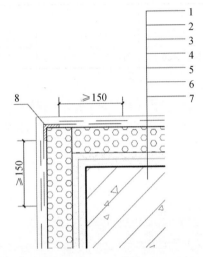

1—饰面层；2—抹面层(网布在抹面层中)；3—保温板；
4—粘结层；5—找平层；6—界面层；7—基墙；8—金属护角条带网布增强

图 4.2.6　内保温系统阳角构造

4.2.7 陶瓷砖饰面时,应设置锚栓加固,锚栓设置于网布外侧,每平方米不应少于 4 个锚栓。当陶瓷砖粘贴高度大于 4.2 m,单块陶瓷砖尺寸大于 300 mm×400 mm 时,应单项设计。

4.3　热工设计

4.3.1 无机改性不燃保温板用于建筑外墙内保温的厚度,应根据现行建筑节能设计标准对节能的规定性指标或建筑物节能的综合指标与要求,通过热工计算确定。

4.3.2 无机改性不燃保温板用于内保温系统时,其导热系数和蓄热系数的修正系数取 1.2。设计计算值 λ_c、S_c 应按表 4.3.2 取值。

表 4.3.2 无机改性不燃保温板导热系数(λ_c)、蓄热系数(S_c)取值

名称	密度 (kg/m^3)	λ_c [W/(m·K)]	S_c [W/(m^2·K)]
取值	>140;≤180	0.052×1.2=0.062	0.75×1.2=0.9

5 施 工

5.1 一般规定

5.1.1 内保温系统用于节能保温工程的施工,应按照经审查合格的设计文件和经审批的用于工程项目的节能保温专项施工方案进行。

5.1.2 内保温系统施工前,应符合下列要求:

 1 应根据设计和本标准要求以及相应的技术标准编制针对工程项目的节能保温专项施工方案,并应对施工人员进行技术交底和专业技术培训。

 2 应在现场采用相同材料、构造做法和工艺制作样板墙或样板间,并应经有关各方确认后方可进行施工。

 3 无机改性不燃保温板保温系统材料进场应经过验收。所有材料必须入库,严禁露天堆放。无机改性不燃保温板应架空防潮堆放。

5.1.3 内保温系统施工前,应做好下列工作:

 1 系统配套材料进场必须经过验收,应按规定见证取样复验,复验合格后方可使用;材料超过有效贮存期时,应对材料进行复验,复验合格后方可使用。

 2 操作工人应配备相应的劳防用品,做好职业健康保护,并应注重施工安全。

5.1.4 内保温系统施工期间环境温度应为 5℃～35℃。

5.1.5 内保温系统施工应具备下列条件:

 1 外墙门窗应安装毕,水暖及内装饰工程需要的管件、挂件等预埋件应留出位置或预埋完毕。电器工程的暗管线、接线盒等应埋设完毕,并应完成暗管线的穿带线。

2 基层墙体应坚实平整、表面干燥,不得有开裂、空鼓、松动或泛碱。设有水泥砂浆找平层,其粘结强度、平整度及垂直度应符合现行国家标准《建筑装饰装修工程质量验收标准》GB 50210 中普通抹灰工程质量的要求。

3 必要的施工机具和劳防用品应准备齐全。

5.2 施工流程及要求

5.2.1 内保温系统施工工艺流程应符合图 5.2.1 的要求。

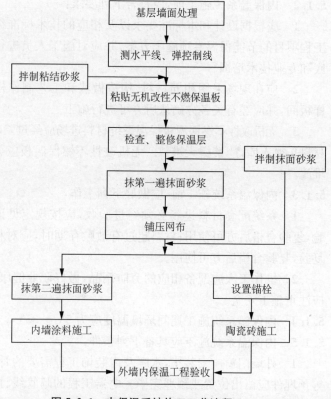

图 5.2.1 内保温系统施工工艺流程

5.2.2 施工时,应在墙体各阳角、阴角及其他必要处挂垂直基准线,并在每个楼层的适当位置弹出水平线和垂直线。

5.2.3 粘结砂浆应在现场搅拌,严格计量,确保搅拌均匀。应按规定的干混料:水的质量比在砂浆搅拌机中(先加水后加料)搅拌 3 min~5 min 至均匀,无生粉团,静置 5 min~10 min 后再搅拌一次即可使用。一次拌制用量应在可操作时间内用完。严禁使用已结块的粘结砂浆。

5.2.4 内保温系统的保温板粘贴施工应符合下列要求:

   1 粘贴之前应清除表面浮尘。

   2 保温板铺贴应阴角开始,自下而上沿水平方向横向铺贴保温板,相邻板面应平齐,上下排之间应错缝 1/2 板长。

   3 应采用条粘法,用铁抹子在每块保温板上均匀批涂厚为 5 mm 的粘结砂浆,并应采用齿形抹刀批刮。涂胶后应及时粘贴并挤压到基层上。板与板之间的接缝缝隙应紧密,且间隙不宜大于 1.5 mm。

5.2.5 抹面砂浆施工应符合下列要求:

   1 抹面砂浆应在现场搅拌,并应有专人负责、严格计量、搅拌均匀。应按规定的干混料:水的质量比在砂浆搅拌机中(先加水后加料)搅拌 3 min~5 min 至均匀,无生粉团,静置 5 min~10 min 后再搅拌一次即可使用。一次拌制用量应在可操作时间内用完。严禁使用已结块的抹面砂浆。

   2 保温板大面积铺贴施工结束后,应间隔 3 d~5 d 后进行抹面砂浆施工。

   3 施工前,用 2 m 靠尺在保温层表面上检查平整度,对凸出的部位应刮平并清理板面碎屑。

   4 抹面砂浆抹平后应趁湿压入网布,待抹面砂浆稍干硬至可以触碰时安装锚栓。锚栓安装完毕后,抹第二遍抹面砂浆,抹面层厚度应为 3 mm~5 mm。

5.2.6 网布施工应符合下列要求：

1 网布铺设应平整、找直，并保持阴阳角的方正和垂直度，抹面层设置一层网布，网布上下、左右之间均应有搭接，其搭接宽度不应小于 100 mm；网布不得外露，不得干搭接。

2 门窗内外侧洞口四周，网布应按 45°方向加贴 400 mm× 300 mm 网布，并应在抹面砂浆大面积施工前依次先用抹面砂浆局部粘贴。洞口四周可用网布翻包 150 mm，并与墙面的网布搭接。

5.2.7 锚栓的设置、安装应按本标准第 4.2.7 条的要求进行；当基层为混凝土结构的梁、柱、墙时，不得损坏受力钢筋。钻孔深度应大于锚固深度 10 mm。

5.2.8 分格缝施工应符合下列要求：

1 分格缝施工应与抹面层施工同步进行，设置分格缝的宽度和深度应与嵌入的分格条匹配。

2 网布铺设到分格缝时，应连续压入缝内，并做好防水处理。

5.2.9 涂料涂饰施工应在抹面层施工完成后间隔 5 d～7 d 进行。陶瓷砖施工应在抹面层施工完成 7 d 后进行。

5.2.10 施工过程中和施工结束后，应做好对成品和半成品的保护，防止污染和损坏；各构造层在养护期内应防止淋水、撞击和振动。墙面损坏处以及预留孔洞均应用相同材料进行修补。

6 验 收

6.1 一般规定

6.1.1 内保温系统的质量验收应符合现行国家标准《建筑工程施工质量验收统一标准》GB 50300、《建筑装饰装修工程质量验收标准》GB 50210、《建筑节能工程施工质量验收标准》GB 50411、现行行业标准《外墙内保温工程技术规程》JG/T 261、《外墙外保温工程技术标准》JGJ 144、现行上海市工程建设规范《建筑节能工程施工质量验收规程》DGJ 08—113 的相关规定以及本标准的要求。

6.1.2 内保温系统质量验收应包括施工过程中的质量检查、隐蔽工程验收和检验批验收,施工完成后应进行墙体节能保温分项工程验收。

6.1.3 内保温系统的竣工验收应提供下列资料,并纳入竣工技术档案:

    1 建筑节能保温工程设计文件、图纸会审纪要、设计变更文件和技术核定手续。

    2 建筑节能保温工程设计文件审查通过文件。

    3 通过审批的节能保温工程的施工组织设计和专项施工方案。

    4 节能保温工程保温系统及组成材料的有效期内的型式检验报告、设备及配件的产品合格证书和进场复验报告。

    5 节能保温工程的隐蔽工程验收记录。

    6 检验批、分项、分部工程验收记录。

    7 监理单位过程质量控制资料及建筑节能专项质量评估报告。

8 其他必要的资料,包括样板墙或样板间的工程技术档案资料。

6.1.4 内保温系统的节能保温工程验收的检验批划分应符合下列规定:

1 采用相同材料、工艺和施工做法的保温墙面,每 1 000 m² 面积划分为一个检验批,不足 1 000 m² 也为一个检验批。

2 检验批的划分也可根据与施工流程相一致且方便施工与验收的原则,由施工单位与监理(建设)单位共同商定,但一个检验批的面积不得大于 3 000 m²。

6.2 主控项目

6.2.1 内保温系统施工前应按照设计和施工方案的要求对基层墙体进行处理,处理后的基层应符合施工方案的要求。

检验方法:对照设计和施工方案观察检查;核查隐蔽工程验收记录。

检查数量:全数检查。

6.2.2 内保温系统各组成材料与配件的品种、规格和型号应符合设计和本标准要求。

检验方法:观察、尺量和秤重检查;核查质量证明文件和有效期内型式检验报告。

检查数量:按进场批次,每批随机抽取 3 个试样进行检查;质量证明文件按照其出厂检验批次进行核查。

6.2.3 无机改性不燃保温板的密度、导热系数、抗压和抗拉强度、燃烧性能等级,粘结砂浆和抹面砂浆的拉伸粘结强度(原强度及耐水强度)、耐碱涂覆网布的拉伸断裂强力和耐碱拉伸断裂强力以及耐碱拉伸断裂强力保留率,锚栓的抗拉承载力标准值,陶瓷砖粘结剂和陶瓷砖填缝剂的横向变形应符合设计要求和本标准的规定。进场时应进行复验,复验应为见证取样送检。

检验方法：检查进场复验报告，密度、导热系数、燃烧性能等级必须在同一报告中。

检查数量：按现行上海市工程建设规范《建筑节能工程施工质量验收规程》DGJ 08—113规定，无机改性不燃保温板的燃烧性能等级复验一次。

6.2.4 内保温系统的构造做法应符合设计以及本标准对系统的构造要求。门窗外侧洞口周边墙面和凸窗非透明的顶板、侧板和底板应按设计和本标准要求采取保温措施。

检验方法：对照设计和施工方案观察检查；核查施工记录和隐蔽工程验收记录。必要时，抽样剖开检查或进行墙体保温构造的现场实体检验。

检查数量：每个检验批抽查不少于3处，现场实体检验的数量按现行上海市工程建设规范《建筑节能工程施工质量验收规程》DGJ 08—113的规定。

6.2.5 现场检验内保温系统保温层的厚度应符合设计要求。

检验方法：核查无机改性不燃保温板进场验收记录以及隐蔽工程验收记录；剖开尺量检查。

检查数量：按检验批数量，每个检验批抽查不少于3处。现场钻芯检验的数量按现行上海市工程建设规范《建筑节能工程施工质量验收规程》DGJ 08—113的规定。

6.2.6 无机改性不燃保温板与基层及各构造层之间的粘结和连接必须牢固，粘结强度和连接方式应符合设计和本标准要求。

检验方法：观察；现场拉拔试验；核查粘结强度试验报告以及隐蔽工程验收记录。

检查数量：每个检验批抽查不少于3处。

6.2.7 锚栓数量、位置、锚固深度和锚栓的拉拔力应符合设计和本标准要求。

检验方法：核查施工记录和隐蔽工程验收记录；对锚栓进行现场拉拔试验。

检查数量:每个检验批抽查不少于 3 处。

6.3 一般项目

6.3.1 无机改性不燃保温板外墙内保温系统各组成材料与配件进场时的外观和包装应完整无破损,符合设计要求和产品标准的规定。

检验方法:观察检查。

检查数量:全数检查。

6.3.2 抹面层中的网布均应铺设严实,不应有空鼓、褶皱、外露等现象,搭接长度应符合设计和本标准要求。

检验方法:观察检查;直尺测量;核查施工记录和隐蔽工程验收记录。

检查数量:每个检验批抽查不少于 5 处,每处不少于 2 m²。

6.3.3 内保温系统面层的允许偏差和检查方法应符合表 6.3.3 的规定。

表 6.3.3 内保温系统面层的允许偏差和检查方法

项次	项目	允许偏差 (mm)	检查方法
1	表面平整度	4	用 2 m 靠尺和楔形塞尺检查
2	立面垂直度	4	用 2 m 垂直检查尺检查
3	阴、阳角方正	4	用直角检验尺检查
4	变形缝线条直线度	4	拉 5 m 线,不足 5 m 拉通线,用钢直尺检查

附录 A 陶瓷砖粘结剂、陶瓷砖和陶瓷砖填缝剂性能要求

A.0.1 陶瓷砖粘结剂的性能指标应符合表 A.0.1 的要求。

表 A.0.1 陶瓷砖粘结剂性能指标(室内用)

项目		性能指标	试验方法
拉伸粘结强度(MPa)	原强度	≥0.50	JC/T 547
	耐水强度		
	耐温强度		
	耐冻融强度		
晾置时间为 20 min 的拉伸胶粘强度(MPa)		≥0.50	
横向变形(mm)		≥2.5	
滑移(mm)		≤0.5	
陶瓷砖粘结强度(现场抽检)(MPa)	平均值	≥0.3	JGJ 110
	最小值	≥0.3	

A.0.2 陶瓷砖填缝剂的性能指标应符合表 A.0.2 的要求。

表 A.0.2 陶瓷砖填缝剂性能指标

项目		性能指标	试验方法
抗折强度(MPa)	原强度	≥2.50	JC/T 1004
	耐冻融强度		
收缩值(mm/m)		≤3.0	
吸水量(g)	30 min	≤2.0	
	240 min	≤5.0	
横向变形(mm)		≥2.0	

A.0.3 用于内保温系统的陶瓷砖应为无机、小块、薄型,且背面应有凹槽或燕尾槽,其性能指标应符合表 A.0.3 的要求。

表 A.0.3　陶瓷砖性能指标

项目	性能指标	试验方法
单位面积质量(kg/m²)	≤20	JG/T 158
陶瓷砖厚度(mm)	≤7.0	GB/T 3810.2
单块陶瓷砖面积(m²)	≤0.015	
吸水率(%)	≥0.5,≤6	GB/T 3810.3
抗冻性(-30℃)	10 次冻融循环无破坏	GB/T 3810.12

本标准用词说明

1 为便于在执行本标准条文时区别对待，对要求严格程度不同的用词说明如下：

 1）表示很严格，非这样做不可的用词：

  正面词采用"必须"；

  反面词采用"严禁"。

 2）表示严格，在正常情况下均应这样做的用词：

  正面词采用"应"；

  反面词采用"不应"或"不得"。

 3）表示允许稍有选择，在条件许可时首先应这样做的用词：

  正面词采用"宜"；

  反面词采用"不宜"。

 4）表示有选择，在一定条件下可以这样做的用词，采用"可"。

2 条文中指明应按其他有关标准执行时的写法为"应符合……的规定（或要求）"或"应按……执行"。

引用标准名录

1 《建筑材料放射性核素限量》GB 6566

2 《建筑材料及制品燃烧性能分级》GB 8624

3 《建筑装饰装修工程质量验收标准》GB 50210

4 《建筑工程质量验收统一标准》GB 50300

5 《建筑节能工程施工质量验收标准》GB 50411

6 《陶瓷砖》GB/T 4100

7 《无机硬质绝热制品试验方法》GB/T 5486

8 《泡沫塑料及橡胶 表观密度的测定》GB/T 6343

9 《增强材料 机织物试验方法 第2部分:经、纬密度的测定》GB/T 7689.2

10 《增强材料 机织物试验方法 第5部分:玻璃纤维拉伸断裂强力和断裂伸长率的测定》GB/T 7689.5

11 《数值修约规则与极限数值的表示和判定》GB/T 8170

12 《建筑材料可燃性试验方法》GB/T 8626

13 《增强制品试验方法 第3部分:单位面积质量的测定》GB/T 9914.3

14 《绝热材料稳态热阻及有关特性的测定 防护热板法》GB/T 10294

15 《绝热材料稳态热阻及有关特性的测定 热流计法》GB/T 10295

16 《蒸压加气混凝土性能试验方法》GB/T 11969

17 《建筑材料及其制品水蒸气透过性能试验方法》GB/T 17146

18 《玻璃纤维网布耐碱性试验方法 氢氧化钠溶液浸泡法》GB/T 20102

19 《建筑材料或制品的单体燃烧试验》GB/T 20284

20 《材料产烟毒性危险分级》GB/T 20285

21 《建筑保温砂浆》GB/T 20473

22 《模塑聚苯板薄抹灰外墙外保温系统材料》GB/T 29906

23 《建筑工程饰面砖粘结强度检验标准》JGJ 110

24 《外墙外保温工程技术标准》JGJ 144

25 《建筑室内用腻子》JG/T 298

26 《外墙保温用锚栓》JG/T 366

27 《建筑节能工程施工质量验收规程》DGJ 08—113

28 《建筑围护结构节能现场检测技术标准》DG/TJ 08—2038

上海市工程建设规范

外墙内保温系统应用技术标准

（无机改性不燃保温板）

DG/TJ 08—2390B—2022
J 16197—2022

条 文 说 明

2023　上海

目　次

Contents

1 总 则

1.0.1 随着我国建筑节能技术的发展,外墙内保温系统在建筑保温工程上的应用迅速增加,尤其是国家相关部门,对外墙内保温保温材料防火规定出台后,作为 A 级防火等级的无机改性不燃保温板外墙内保温系统的应用更加得到了快速发展,上海市外墙内保温系统建筑产品工程建设团体标准已经发布或正在编制的已超过 5 个,积累了很多经验,但各家的性能要求以及做法有很大的差异,亟需进行统一。

3 材 料

3.1 系统与组成材料性能要求

3.1.2 外墙内保温系统的抗冲击性的试验方法,根据上海市有关检测单位提供的信息表明,采用现行行业标准《外墙外保温工程技术规程》JGJ 144 的试验方法较现行行业标准《外墙内保温工程技术规程》JGJ/T 261 更为合理。因此,本标准采用了 JGJ 144 的试验方法,抗冲击性指标定为大于或等于 3.0 J,且无宽度大于 0.10 mm 的裂纹。

3.1.4 无机改性不燃保温板的检测试样应按 100 mm × 100 mm ×(取样时的实际板厚)取样。

3.2 进场材料的包装与贮存

由于建筑节能保温工程的质量与施工质量有着十分重要的关系,前提是首先应保证材料质量。往往材料出厂时是合格的,但由于在包装、运输和贮存中不加以注意,很容易造成材料的次生质量问题。因此,本章节对系统组成材料的包装与贮存作了明确的规定。

4 设 计

4.2 内保温系统构造设计及要求

4.2.3 考虑内保温系统不受室外暴雨、负风压和太阳紫外线的影响,系统相对较安全。因此,规定了系统的饰面采用涂料或陶瓷砖,其抹面层均采用网布。

4.2.4 与内隔墙的"T"形部位,除采用无机保温砌体或无机保温条板外,均应作冷热桥的保温处理。砌体内隔墙都有找平层,采用水泥基无机保温砂浆作保温处理,保温处理的部位可省去找平层,并与水泥砂浆结合较为合理。保温砂浆与水泥砂浆的结合处的抹面层中的网布应延伸至水泥砂浆找平层,其宽度应为100 mm。当顶板部位保温层厚度为 30 mm 后仍不满足设计要求时,应采取其他措施。

5 施 工

5.1 一般规定

5.1.1 专项施工方案是整个建筑节能工程施工的前提条件,是保证质量的基本手段。对施工人员进行专业技术培训很重要。内保温系统涉及的材料较多,施工工序复杂。为保证施工质量,只有经过培训才能完全按照标准流程施工作业。施工人员经专业技术培训必须通过考核合格后方可上岗。

5.2 施工流程及要求

5.2.1 严格按照内保温系统的施工工艺流程施工是保证施工质量的关键。因此,这是施工必须遵循的基本作业程序。

5.2.3 为了保证粘结砂浆的拌制质量提出了现场拌制的具体要求。拌制的粘结砂浆超过可操作时间,会影响其粘结强度,应严禁再使用。

5.2.5 本条文规定了拌制的抹面砂浆应在可操作时间内用完。因为拌制的抹面砂浆超过可操作时间,会影响其粘结强度,应严禁再使用。

5.2.7 本条文规定了锚栓的设置与安装要求。

6 验　收

6.2　主控项目

6.2.3　考虑燃烧性能检测样品数量较多、检测时间长、费用高，故规定只需进场时复验一次即可。